BEI GRIN MACHT SICH IHR WISSEN BEZAHLT

- Wir veröffentlichen Ihre Hausarbeit, Bachelor- und Masterarbeit

- Ihr eigenes eBook und Buch - weltweit in allen wichtigen Shops

- Verdienen Sie an jedem Verkauf

Jetzt bei www.GRIN.com hochladen und kostenlos publizieren

Meike Voß

Die ungarische Methode - ein Algorithmus für Bipartite Matchings

GRIN Verlag

Bibliografische Information der Deutschen Nationalbibliothek:

Die Deutsche Bibliothek verzeichnet diese Publikation in der Deutschen Nationalbibliografie; detaillierte bibliografische Daten sind im Internet über http://dnb.d-nb.de/ abrufbar.

Dieses Werk sowie alle darin enthaltenen einzelnen Beiträge und Abbildungen sind urheberrechtlich geschützt. Jede Verwertung, die nicht ausdrücklich vom Urheberrechtsschutz zugelassen ist, bedarf der vorherigen Zustimmung des Verlages. Das gilt insbesondere für Vervielfältigungen, Bearbeitungen, Übersetzungen, Mikroverfilmungen, Auswertungen durch Datenbanken und für die Einspeicherung und Verarbeitung in elektronische Systeme. Alle Rechte, auch die des auszugsweisen Nachdrucks, der fotomechanischen Wiedergabe (einschließlich Mikrokopie) sowie der Auswertung durch Datenbanken oder ähnliche Einrichtungen, vorbehalten.

Impressum:

Copyright © 2010 GRIN Verlag GmbH
Druck und Bindung: Books on Demand GmbH, Norderstedt Germany
ISBN: 978-3-640-93808-7

Dieses Buch bei GRIN:

http://www.grin.com/de/e-book/173467/die-ungarische-methode-ein-algorithmus-fuer-bipartite-matchings

GRIN - Your knowledge has value

Der GRIN Verlag publiziert seit 1998 wissenschaftliche Arbeiten von Studenten, Hochschullehrern und anderen Akademikern als eBook und gedrucktes Buch. Die Verlagswebsite www.grin.com ist die ideale Plattform zur Veröffentlichung von Hausarbeiten, Abschlussarbeiten, wissenschaftlichen Aufsätzen, Dissertationen und Fachbüchern.

Besuchen Sie uns im Internet:

http://www.grin.com/

http://www.facebook.com/grincom

http://www.twitter.com/grin_com

Technische Universität Braunschweig
Fakultät 6 für Geistes- und Erziehungswissenschaften
Institut für Didaktik der Mathematik und Elementarmathematik

Bachelorarbeit Sommersemester 2010

Die ungarische Methode – ein Algorithmus für Bipartite Matchings

Verfasserin: Meike Voß
Datum der Abgabe: 16.06.2010

Inhaltsverzeichnis

	Seite
1. Verzeichnis der verwendeten Symbole und Abkürzungen	2
2. Einleitung	3
3. Mathematische Grundlagen	5
3.1 Graphen	5
3.2 Matchings	7
3.3 Wege	8
3.4 Bäume	10
4. Die ungarische Methode	11
4.1 Die Entstehung des Algorithmus	12
4.1.1 Der Satz von Berge	12
4.1.2 Der Satz von König	14
4.1.3 Der Heiratssatz	16
4.2 Der theoretische Ansatz des Algorithmus	17
4.2.1 Die Suche nach einem augmentierenden Weg in einem Wurzelbaum	17
4.3 Die Umsetzung des Algorithmus	24
4.3.1 In einem ungewichteten Graphen	24
5. Fazit	30
6. Abbildungsverzeichnis	31
7. Literaturverzeichnis	32

1. Verzeichnis der verwendeten Symbole und Abkürzungen

Symbol	Bedeutung	Seite
$\mathbb{N}$	Die Menge der natürlichen Zahlen, inklusive der Null	4
$\mathbb{R}^+$	Die Menge der positiven reellen Zahlen	5
G	Graph	4
V	Die Menge der Ecken eines Graphen	4
E	Die Menge der Kanten eines Graphen	4
$|A|$	Die Mächtigkeit einer Menge A	4
N	Nachbar	5
U	Eckenüberdeckung	5
M	Matching	6
G_a	Eine Zusammenhangskomponente des Graphen, in der alle Ecken von a aus zu erreichen sind	8
MΔF	MΔF = (M − F) ∪ (F − M), die symmetrische Differenz der Mengen M und F	12
N(S)	Die Nachbarn der Menge S	15

2. Einleitung

Diese Bachelorarbeit beschäftigt sich mit der ungarischen Methode, bzw. dem ungarischen Algorithmus. Dieser Algorithmus stammt aus dem Bereich der Graphentheorie. Genauer gesagt lässt er sich der linearen Optimierung zuordnen. Der ungarische Algorithmus ist eine Methode zur Lösung von ungewichteten und gewichteten Zuordnungsproblemen in bipartiten Graphen. In dieser Arbeit werde ich mich aber ausschließlich mit dem ungarischen Algorithmus für ungewichtete Graphen beschäftigen. Alle genannten Begriffe werden im Laufe dieser Arbeit geklärt.

Da die Optimierungsprozesse mich im Studium sehr interessiert haben, entschied ich mich für ein Thema aus diesem Bereich. Besonders interessant ist, dass sich die teilweise komplexen Probleme und deren Lösungen sehr gut durch Beispiele aus dem Alltag veranschaulichen lassen. So ist es auch mit dem ungarischen Algorithmus. Er liefert in einem ungewichteten Graphen die größtmögliche Zuordnung und in einem gewichteten Graphen die Zuordnung mit der besten Bewertung.

Ein Beispiel für eine solche Art von Zuordnung ist, die Paarung von Arbeitssuchenden zu freien Arbeitsplätzen, wobei jeder Arbeitssuchende für eine bestimmte Anzahl von Arbeitsplätzen qualifiziert ist. Auch die Zuordnung von Maschinen zu bestimmten Standorten lässt sich unter diesen Bereich fassen. Hierbei wird angestrebt, die Kosten, die bei dem Transport einer Maschine zu einem Standort entstehen, möglichst gering zu halten.

Das wohl bekannteste Beispiel ist aber die Zuordnung von Damen zu heiratswilligen Herren. Dabei soll eine derartige Paarung gefunden werden, sodass alle, bzw. möglichst viele, Damen einen Herren heiraten, der ihnen gefällt. Hierauf werde ich später noch genauer eingehen, wenn ich zu dem sogenannten `Heiratssatz´ komme, der von dem Engländer Philip Hall entwickelt wurde.

Dies alles sind sehr interessante Beispiele für die der ungarische Algorithmus eine Lösung liefert.

Die Zielsetzung dieser Bachelorarbeit ist es, die ungarische Methode vorzustellen, um den Problembereich genauer zu erörtern. Außerdem werde ich die einzelnen Schritte des ungarischen Algorithmus so darstellen, dass nachvollziehbar wird, wie der Algorithmus arbeitet. Anschließend soll deutlich gemacht werden, warum der ungarische Algorithmus funktioniert. Das heißt, dass ich zeigen werde, dass er immer Matchings mit maximalen Zuordnungen liefert. Es wird also aufgezeigt, dass alltägliche Probleme in den Bereich der Graphentheorie überführt werden können, sodass mithilfe von Algorithmen das Finden von Lösungen ermöglicht wird.

Um eine verständliche Abfolge zu gewährleisten, habe ich mich für den folgenden Aufbau entschieden.
Zu Beginn werde ich einige Begrifflichkeiten in den mathematischen Grundlagen klären. Dabei werde ich näher auf den Begriff des Graphen eingehen, da der ungarische Algorithmus Matchings in bipartiten Graphen liefert. Danach werde ich die Definition des Matchings und die verschiedenen Arten von Matchings erläutern, denn das Finden von Matchings erfasst gerade den Problembereich, für den der ungarische Algorithmus eine Lösung liefert. Anschließend folgt die Klärung des Begriffs `Weg´. Dies ist notwendig, da der Algorithmus mithilfe von Wegen in Bäumen arbeitet. Daher wird danach auf die Bedeutung von Bäumen eingegangen. Diese Reihenfolge finde ich sinnvoll, da die Begriffsklärungen aufeinander aufbauen.
Als nächstes werde ich dann zu der ungarischen Methode kommen. An dieser Stelle gehe ich zunächst auf die Entstehung des Algorithmus ein, wobei die Namensgebung, sowie Grundlagen, auf denen der Algorithmus beruht, geklärt werden. Die grundlegenden Sätze werden dann erklärt und bewiesen. Zuletzt werde ich den ungarischen Algorithmus beweisen und anhand einer praktischen Durchführung zeigen, wie die Lösung eines alltäglichen Problems aussehen könnte.

3. Mathematische Grundlagen

Dieses Kapitel ist, wie schon erwähnt, nach einer logischen Abfolge aufgebaut. Das heißt, dass die Unterpunkte so aufeinander folgen, dass kein Begriff mit einem darauffolgenden erklärt wird. Im Verlauf der Arbeit werde ich die hier geklärten Begriffe verwenden.

3.1 Graphen

Ein *Graph* ist ein Paar $G = (V, E)$, wobei V und E disjunkte Mengen sind. V ist eine nichtleere Menge und E besteht aus zweielementigen Teilmengen von V, also $E \subseteq [V]^2$ oder $E \subseteq \{\{a,b\} \mid a,b \in V, a \neq b\}$.
Die Elemente der Menge V werden als Ecken und die Elemente der Menge E als Kanten des Graphen bezeichnet.[1]

Die Anzahl der Elemente, die eine Menge V enthält, heißt *Mächtigkeit* $|V|$ der Menge.[2] Ist die Anzahl der Ecken in einem Graphen G endlich, also ($|V| = \{a_1, a_2, ..., a_n\}$ mit $n \in \mathbb{N} \wedge n < \infty$, so ist G ein *endlicher Graph*. Andernfalls ist G ein *unendlicher Graph*.[3]

Ecken werden im Folgenden immer durch Kleinbuchstaben $i, j, ...$ mit $i, j \in V$ bezeichnet. Kanten werden durch die sie begrenzenden Ecken bezeichnet. Die Kante zwischen den Ecken i und j wird zum Beispiel mit ij oder ji bezeichnet, wobei $ij \wedge ji \in E$ gilt. Weiterhin wird mit $e \in E$ eine beliebige Kante der Kantenmenge E des Graphen bezeichnet.

Bildlich lassen sich die Ecken als Punkte und die Kanten als Verbindungslinien zwischen den Punkten veranschaulichen. Wie dieses *Diagramm* von einem Graphen aussieht, kann variieren. Wichtig hierbei ist, dass es keine Abhängigkeit der formalen Definition des Graphen von einem seiner Diagramme gibt.

Beispiel: $G = (V, E)$ mit $V = \{a, b, c, d, e\}$ und $E = \{ab, ac, ad, bc, be, cd, ce, de\}$.[4]

---

[1] Vgl. Förster, Frank: GT-Gesamt_20090927, Wintersemester 2009/2010, Kapitel 1: Grundlegende Begriffe der Graphentheorie, S.1.
[2] Vgl. Schubert, Matthias: Mathematik für Informatiker, Vieweg + Teubner Verlag Wiesbaden 2009, S.50.
[3] Vgl. Förster: Kapitel 1: S.4.
[4] Vgl. Diestel, Reinhard: Graphentheorie, Springer-Verlag Berlin 2006³, S. 2

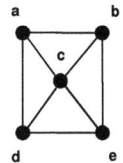
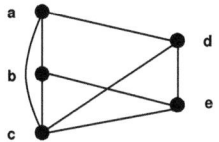

Abb.1: Diagramm 1 des Graphen G = (V,E)   Abb.2: Diagramm 2 des Graphen G = (V,E)

Ein Graph lässt sich also durch unterschiedliche Diagramme veranschaulichen. Bilden zwei Ecken a und b die Endpunkte einer Kante ab, so *inzidiert* die Kante ab mit diesen Ecken. Sind a und b durch ab verbunden und es gilt: a ≠ b, so heißen die Ecken a und b **Nachbarn** N. Falls aber gilt: a = b, so heißt die Kante ab **Schlinge**.[5] Die Anzahl der Kanten, die eine Ecke verlassen oder in dieser enden, heißt *Grad* einer Ecke.[6]

Eine Eckenmenge U von G wird als *Eckenüberdeckung* von G bezeichnet, falls alle Kanten aus G mit mindestens einer Ecke aus U inzidieren. Existiert nun keine andere Eckenüberdeckung U* von G, mit |U*| < |U|, ist U die **minimale Ecken-überdeckung** von G. Eine Ecke v heißt *überdeckt*, falls gilt: v ∈ U. [7]

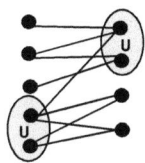

Abb.3: Graph G mit der Eckenüberdeckung U

In einem *gewichteten Graphen* wird jeder Kante e von G ein Kantengewicht g(e) ∈ ℝ⁺ zugeordnet.[8]
Folglich wird in einem *ungewichteten Graphen* den Kanten e von G kein Kantengewicht zugeordnet.

---

[5] Vgl. Volkmann, Lutz: Fundamente der Graphentheorie, Springer-Verlag Wien 1996, S. 1.
[6] Vgl. Schubert (2009, 329).
[7] Vgl. Volkmann (1996, 192).
[8] Verfügbar über: http://math-www.uni-paderborn.de/~chris/Index41/V/par7.pdf Datum des Zugriffs: 20.05.2010.

Ein Graph $G = (V, E)$ wird als **p-partit**, mit $p \geq 2$ und $p \in \mathbb{N}$, bezeichnet, wenn sich $V(G)$ in p paarweise disjunkte Eckenmengen $V_1, ..., V_P$ zerlegen lässt. Innerhalb einer Eckenmenge $V_1, ..., V_P$ dürfen keine Ecken durch eine Kante miteinander verbunden sein. $V_1, ..., V_P$ werden als **Partitionen** des Graphen bezeichnet. Ein Graph mit zwei Partitionen, $p = 2$, wird **bipartit** genannt. V_1 und V_2 bilden die **Bipartition** von G.[9]

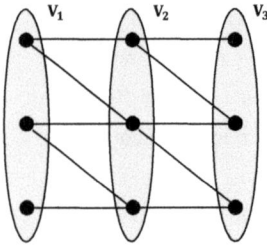 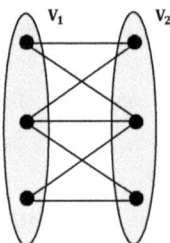

Abb.4: 3-partiter Graph   Abb.5: Bipartiter Graph

3.2 Matchings

Sei $G = (V, E)$ ein Graph. Als **Matching (Paarung, Zuordnung)** von G lässt sich eine Kantenmenge M von G bezeichnen, in der keine Schlingen enthalten und keine Kante aus M mit einer anderen aus M inzidiert.[10] Jede Ecke eines Matchings hat höchstens den Grad 1.[11] Ecken, die mit einer Matchingkante inzidieren, und Kanten, die Elemente von M sind, heißen **gesättigt** oder **gematcht**. Gibt es kein Matching M in G, sodass gilt: $M_0 \subseteq M$ und es gilt $M_0 \neq M$, so heißt M_0 **gesättigtes Matching** von G.
Existiert in G kein Matching mit einer größeren Anzahl von Kanten als M*, also kein M, sodass gilt: $|M^*| < |M|$, heißt M* **maximales Matching** von G.
Ein Matching M heißt perfekt, wenn es alle Ecken von G sättigt. Also gilt: $G[M] = (E(M), M)$ ist ein **perfektes Matching**.[12]

---

[9] Vgl. Volkmann (1996, 82).
[10] Vgl. Volkmann (1996, 113).
[11] Vgl. Schubert (2009, 465).
[12] Vgl. Volkmann (1996, 113).

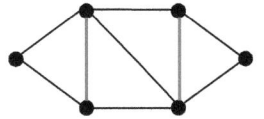 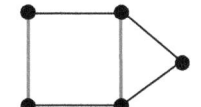 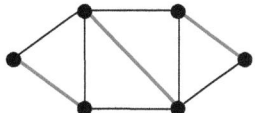

Abb.6: Gesättigtes Matching Abb.7: Maximales Matching Abb.8: Perfektes Matching

In einem bipartiten Graphen $G = (V, E)$ mit der Bipartition A, B gilt: $\{a_0, a_1, a_2, ..., a_{n-1}, a_n\} \in A$ und $\{b_0, b_1, b_2, ..., b_{n-1}, b_n\} \in B$ mit $n \in \mathbb{N}$. Das bedeutet, dass eine Kanten e des Matchings immer durch eine Ecke $a_n \in A$ und eine Ecke $b_n \in B$ begrenzt wird. $e = a_n b_n$.[13]

3.3 Wege

Ein **Kantenzug** in einem Graphen $G = (V, E)$ wird durch eine Folge ($v_0, v_1, ..., v_n$), mit $n \in \mathbb{N}$, von Ecken gebildet. Zwei Ecken, die aufeinander folgen, müssen durch eine Kante verbunden, also benachbart sein. Somit gilt: $e_i := \{v_i, v_{i+1}\} \in E$, mit $i = 0, 1, ..., n - 1$.

Ein Kantenzug, dessen Start- und Endecke identisch und alle Kanten verschieden sind, heißt **Kreis**.

Ein **Weg** besteht aus einem Kantenzug, dessen Start- und Endecke verschieden sind und in dem jede Kante e nur einmal vorkommt.[14]

Es sei G ein Graph und M ein Matching von G. Ein Weg heißt **alternierend** bezüglich M, wenn er abwechselnd aus Kanten des Matchings und Kanten von G besteht und die Startecke ungesättigt ist.

Sind die erste und letzte Kante eines alternierenden Weges keine Matchingkanten, so heißt dieser Weg **augmentierend** oder **erweiternd** bezüglich M. Durch das Austauschen der gesättigten und der ungesättigten Kanten des augmentierenden Weges wird das ursprüngliche Matching um eine Kante vergrößert. Dies wird das **Kantenaustauschverfahren** genannt.[15]

---

[13] Vgl. Diestel (2006, 38).
[14] Vgl. Förster: Kapitel 1, S. 5.
[15] Vgl. Tittmann, Peter: Graphentheorie, Fachbuchverlag Leipzig im Carl Hanser Verlag 2003, S. 65.

Existiert ein Kantenzug von einer Ecke a zu einer Ecke b des Graphen G, so heißen a und b **verbindbar**. Alle Ecken eines Graphen G, die mit a verbindbar sind erzeugen eine **Zusammenhangskomponente** G_a von G, mit

$$G_a = \{v \in V | v \text{ ist verbindbar mit a}\}.$$

Ist jede Ecke des Graphen mit jeder anderen verbindbar, besteht der Graph G aus nur einer Zusammenhangskomponente und heißt **zusammenhängend**.

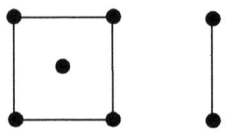
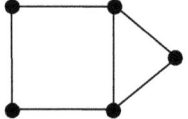

Abb.9: Graph mit drei Zusammenhangskomponenten

Abb.10: Graph mit einer Zusammenhangskomponente

Satz 1.1: *Ein Graph $G = (V, E)$ ist genau dann zusammenhängend, wenn für jede disjunkte Zerlegung V_1 und V_2 der Eckenmenge V*
(d.h. $V = V_1 \cup V_2, V_1 \cap V_2 = \emptyset$ und $V_1, V_2 \neq \emptyset$)
eine Kante $e = \{a, b\}$ existiert mit $a \in V_1$ und $b \in V_2$.

Beweis:

„⇒": direkt

Eine disjunkte Zerlegung von V sei V_1, V_2.

Jede Eckenmenge der disjunkten Zerlegung von V besitzt mindestens ein Element, wegen $V_1, V_2 \neq \emptyset$. Es wird nun $a \in V_1$ und $b \in V_2$ betrachtet.

Nach Voraussetzung ist G zusammenhängend. Also gibt es einen Kantenzug $(a = v_0, v_1, \ldots, v_{n-1}, v_n = b)$. Das bedeutet, dass es mindestens ein i mit $v_i \in V_1$ und $v_{i+1} \in V_2$ gibt. Somit existiert eine Kante $e := \{v_i, v_{i+1}\}$.

„⇐": durch Widerspruch

Annahme: Der Graph G ist nicht zusammenhängend.

V_1 wird als beliebige Zusammenhangskomponente von G gewählt. Dann sei $V_2 = V \setminus V_1$. Somit ist V_1, V_2 eine disjunkte Zerlegung von V.

Da es nach Voraussetzung eine Kante $e = \{a, b\}$ mit $a \in V_1$ und $b \in V_2$ gibt, sind a und b Elemente derselben Zusammenhangskomponente. Dies widerspricht der

Annahme, dass G nicht zusammenhängend ist. Wenn eine solche Kante $e = \{a, b\}$ mit $a \in V_1$ und $b \in V_2$ existiert, ist G also zusammenhängend.[16]

3.4 Bäume

Ein kreisfreier Graph wird **Wald** genannt. Besteht der Wald aus nur einer Zusammenhangskomponente, so heißt er **Baum**. Ein Wald besteht also aus Bäumen.[17] Besitzt ein Baum eine Ecke a, von welcher alle anderen Ecken des Baumes erreicht werden können, so heißt diese Ecke **Wurzel**. Ein Baum mit einer Wurzel wird **Wurzelbaum** genannt.[18]

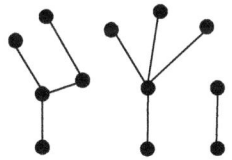

Abb.11: Wald

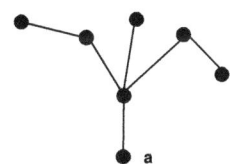

Abb.12: Baum mit der Wurzel a

---

[16] Vgl. Förster: Kapitel 1, S. 6f.
[17] Vgl. Diestel (2006, 14).
[18] Vgl. Volkmann (1996, 29).

4. Die ungarische Methode

Die Ungarische Methode ist ein Algorithmus, der dazu dient, in einem endlichen bipartiten Graphen Paarungen zu bilden. Die zu paarenden Objekte sind durch Kanten miteinander verbunden. Diese Kanten stellen meist Präferenzen dar. Im Folgenden wird die Entstehung des Algorithmus erläutert, wobei auf drei wichtige Sätze genauer eingegangen wird. Anschließend erfolgt der theoretische Ansatz des Algorithmus und zuletzt wird er konkret an einem Beispiel angewendet. Dabei werde ich mich auf das Beispiel der Zuordnung von Arbeitssuchenden zu Arbeitsplätzen beziehen.

In der Graphentheorie wird das genannte Problem wie folgt dargestellt:
Der Graph $G = (V, E)$ besitzt die folgende Bipartition
$$A = \{a_1, ..., a_n\} \text{ und } B = \{b_1, ..., b_n\}, \text{ mit } n \in \mathbb{N}.$$
Die Menge A stellt hierbei die Gruppe der Damen und die Menge B die Gruppe der Herren dar.

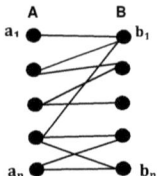

Abb.13: Die Bipartitionen A und B im Graphen G

Jetzt stellt sich natürlich die Frage, ob jede Dame einen Ehemann findet. Ist dies nicht der Fall, so sollen möglichst viele Damen einen Mann finden.[19]
Der Ungarische Algorithmus ist eine Methode, um diese größtmögliche Zuordnung zu bestimmen. Er lässt sich für ungewichtete sowie für gewichtete Graphen anwenden. In einem ungewichteten Graphen liefert er die größtmögliche Zuordnung und in einem gewichteten Graphen die Zuordnung mit der besten Bewertung.

---

[19] Vgl. Volkmann Lutz: Grundlagen der Wirtschaftsmathematik, Springer-Verlag Wien 1989, S. 123.

4.1 Die Entstehung des Algorithmus

Der amerikanische Mathematiker Harold William Kuhn veröffentlichte 1955 zu ersten Mal den ungarischen Algorithmus in der Schrift mit dem Titel „The Hungarian Method for the Assignment Problem". Den Namen für den Algorithmus hat Kuhn gewählt, um die Arbeit der beiden ungarischen Mathematiker Dénes König und Eugene Egerváry zu würdigen, auf deren Arbeiten er sich gestützt hat.[20]

Im Folgenden werden der Satz von Berge, der Satz von König und der Heiratssatz von Hall erläutert und bewiesen, da hierbei ein starker Zusammenhang zu dem ungarischen Algorithmus besteht.

4.1.1 Der Satz von Berge

Der Satz von Berge besagt, dass die Existenz eines maximalen Matchings M in einem Graphen die Existenz eines M-augmentierenden Weges ausschließt. Außerdem fordert der Satz, dass, wenn kein augmentierender Weg bezüglich eines Matchings M existiert, M maximal ist. Da der ungarische Algorithmus mithilfe M-augmentierender Wege ein maximales Matching liefert, ist der Satz von Berge von großer Bedeutung für diese Arbeit.

> **Satz 4.1 (Berge):** *Ein Matching M in einem Graphen G ist genau dann maximal, wenn es keinen augmentierenden Weg bezüglich M in G gibt.*

Beweis:

„$\Rightarrow$": direkt

Nach Definition des augmentierenden Weges und des maximalen Matchings kann dieser Weg nicht existieren, wenn ein Matching M maximal ist. Somit ist nur noch die `Rückrichtung´ des Satzes zu beweisen.

„$\Leftarrow$": durch Widerspruch

---

[20] Vgl. Schubert (2009, 466).

Annahme:

Nehmen wir an, dass M ein Matching von G ist und kein augmentierender Weg bezüglich M in G existiert. Weiterhin nehmen wir an, dass M kein maximales Matching ist.

Da M nicht maximal ist, existiert ein Matching F von G mit $|F| > |M|$.

Betrachten wir nun den Graphen $H = G[M \triangle F] = G[(M - F) \cup (F - M)]$.

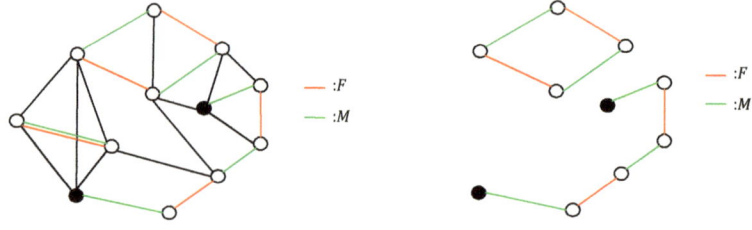

Abb. 14: Graph G   Abb. 15: Graph H

Es fallen also alle Kanten von G weg, die nicht zu M oder zu F gehören und diejenigen Kanten, die gleichzeitig zu M und F gehören.

Der Eckengrad in H kann nur 1 oder 2 sein, da jede Kante aus H höchstens einmal mit einer Kante aus M oder F inzidiert. Daraus lässt sich schließen, dass die Komponenten von H nur aus Kreisen und Wegen bestehen können. Insgesamt enthält der Graph H mehr Kanten aus F als aus M, da gilt: $|F| > |M|$.

Die Kreiskomponenten von H besitzen gleich viele Kanten von M und F.[21] Es muss also eine Wegkomponente geben, welche mit einer Kante aus F beginnt und mit einer Kante aus F endet. Ist dies der Fall, wäre diese Wegkomponente ein augmentierender Weg bezüglich M. Dies widerspricht unserer Annahme.[22]

---

[21] Weil keine zwei Kanten eines Matchings denselben Endknoten besitzen dürfen.
[22] Vgl. Volkmann (1996, 117).

4.1.2 Der Satz von König

Wie schon in 4.1 erwähnt, stützte sich Kuhn auf Arbeiten von Dénes König. Der folgende Satz Königs formuliert eine Aussage über den Zusammenhang der Mächtigkeit der minimalen Eckenüberdeckungszahl und der Mächtigkeit eines maximalen Matchings.

> **Satz 4.2 (König):** *Die Mächtigkeit einer minimalen Eckenüberdeckung eines bipartiten Graphen G ist gleich der Mächtigkeit eines maximalen Matchings von G.*

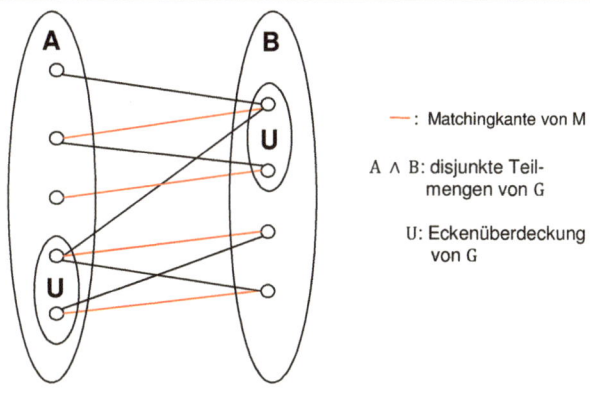

— : Matchingkante von M

$A \wedge B$: disjunkte Teilmengen von G

U: Eckenüberdeckung von G

Abb. 16: Graph $G = (A \cup B, E)$ mit der Eckenüberdeckung U

Direkter Beweis:

Es sei $G = (A \cup B, E)$ ein bipartiter Graph, in welchem alle Kanten aus E genau eine Endecke in A und eine in B haben. Weiterhin heißt eine Eckenteilmenge $U \subseteq A \cup B$ Eckenüberdeckung von G genau dann, wenn jede Kante aus E mindestens eine Endecke in U hat. Wir gehen davon aus, dass M ein maximales Matching von G und U eine Eckenüberdeckung ist. Wir wissen, dass U von allen Kanten von G eine Endecke enthält. Das heißt, dass U auch von jeder Matchingkante mindestens eine Ecke enthält. Somit gilt: $|U| \geq |M|$.

Jetzt ist die Menge U der Eckenüberdeckung von G zu bestimmen. Dabei wählen wir von jeder Kante aus M ein Ende aus. Wenn ein alternierender Weg bezüglich M in B endet, so liegt das Ende der Matchingkante in B und lässt sich der Eckenüberdeckung U zuordnen. Andernfalls wird das Ende, welches in A liegt der Menge U zugeordnet (s. Abb.16).

Weiterhin ist zu zeigen, dass die Eckenüberdeckung U jede Kante von G überdeckt, also dass mindestens eine der Ecken a oder b der Kante ab ∈ E in U liegt. Hierzu ist es sinnvoll eine Fallunterscheidung zu machen.

1. Fall:
Die Kante ab ist eine Matchingkante. Somit liegt eine der beiden Ecken, nach der Definition der Eckenüberdeckung, in U.

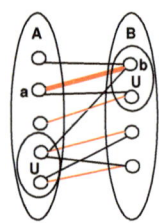

Abb. 17: ab ist eine Matchingkante

2. Fall:
Wenn die Kante ab keine Matchingkante ist, gibt es eine Kante a′b′, die eine gemeinsame Ecke mit ab hat, da M ein maximales Matching ist. Wenn die Ecke a ungesättigt ist, gilt b = b′ ∈ U.[23]

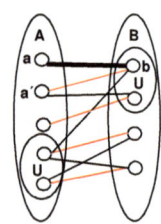

Abb. 18: ab ist keine Matchingkante I

Wenn die Kante ab keine Matchingkante und a gesättigt aber kein Element von U ist, d.h. a = a′ ∉ U, muss b′ ∈ U sein und ein alternierender Weg T in b′ enden. Außerdem muss ein alternierender Weg T′ in b enden (T′ = Tb′a′b).[24] T′ kann kein augmentie-render Weg sein, da M ein maximales Matching ist. Daher endet in b eine Matchingkante und b ∈ U.[25]

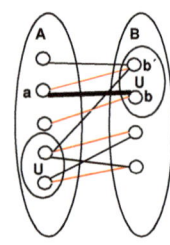

Abb. 19: ab ist keine Matchingkante II

---

[23] Da U so gewählt wurde, dass von jeder Matchingkante ein Endknoten in U liegt. Hierbei wurde vorgegeben, dass wenn in B ein alternierender Weg bezüglich M endet, dieser Knoten in U liegt.
[24] b′ liegt in U, weil laut Definition von U, einer der beiden Knoten einer Matchingkante in U liegt. Da a = a′ ∉ U, muss b′ ∈ U sein. Daher endet in b′ auch ein alternierender Weg. Auf den alternierenden Weg, der in b′ endet folgt die Matchingkante a′b′ und darauf ab. Somit endet auch in b ein alternierender Weg.
[25] Vgl. Tittmann (2003, 67f.).

4.1.3 Der Heiratssatz

Der Heiratssatz von Philip Hall wurde im Jahr 1935 entwickelt und bewiesen. Er gibt Aufschluss darüber, ob in einem Graphen $G = (V, E)$, mit der Bipartition A, B, ein Matching existiert, sodass alle Ecken aus A gesättigt sind. Warum dieser Satz Heiratssatz genannt wird, lässt sich, wie schon erwähnt, auf das Problem der Zuordnung von heiratswilligen Damen zu Männern, welche sie sympathisch finden, zurückführen.

> **Satz 4.3 (Hall):** Der Graph $G = (V, E)$, mit $V = A \cup B$, enthält genau dann ein Matching von A, wenn für alle Eckenmengen $S \subseteq A$ gilt:
> $$|S| \leq |N(S)|.$$

$|S| \leq |N(S)|$ für alle $S \subseteq A$ wird hierbei als **Heiratsbedingung** bezeichnet.
Der Beweis dieses Satzes lässt sich direkt aus Satz 4.2 herleiten.

<u>Beweis durch Kontraposition:</u>
<u>Annahme:</u>
Wir nehmen an, dass für die Eckenmenge A kein Matching existiert, sodass alle Ecken aus A gesättigt sind. Dies bedeutet nun nach Satz 4.2, dass die Eckenüberdeckung U von G weniger als $|A|$ Ecken enthält. Die Teilmengen von A und B, die von U überdeckt sind heißen A' und B'. Somit gilt: $U = A' \cup B'$ mit $A' \in A$ und $B' \in B$. Daraus lässt sich Folgendes schließen:

$$|A'| + |B'| = |U| > |A|$$
$$\Rightarrow \quad |A'| + |B'| > |A|$$
$$\Leftrightarrow \quad |B'| > |A| - |A'|$$
$$\Leftrightarrow \quad |B'| > |A \setminus A'|$$

Die Definition der Eckenüberdeckung liefert, dass keine Kanten zwischen $A \setminus A'$ und $B \setminus B'$ existieren.[26] Das bedeutet, dass $|B'| \geq |N(A \setminus A')|$ gilt. Da $A \setminus A' \subseteq A$ ist, wird $S = A \setminus A'$ gesetzt. Somit gilt:

$$|S| < |B'| \geq |N(S)|.$$

Somit ist die Heiratsbedingung nicht erfüllt.[27]

---

[26] Würden dort Kanten existieren, wären sie nicht von U überdeckt, was der Definition von U widerspricht.

4.2 Der theoretische Ansatz des Algorithmus

In einem ungewichteten, endlichen, bipartiten Graphen funktioniert der ungarische Algorithmus so, dass zunächst ein beliebiges gesättigtes Matching bestimmt wird. Anschließend wird für eine ungesättigte Ecke ein Wurzelbaum konstruiert, dessen Wurzel eben diese ungesättigte Ecke ist. Anschließend wird der Wurzelbaum auf einen augmentierenden Weg bezüglich des Matchings untersucht. Existiert ein solcher Weg, so wird das Matching durch das Kantenaustauschverfahren vergrößert. Danach wird dasselbe für die nächste ungesättigte Ecke erledigt. Der Algorithmus läuft so lange, bis ein maximales Matching gefunden wurde.

4.2.1 Die Suche nach einem augmentierenden Weg in einem Wurzelbaum

An dieser Stelle wird der Ablauf des ungarischen Algorithmus detailliert beschrieben. Dabei wird bei den einzelnen Schritten jeweils in eingerückter Schrift verdeutlicht, was zuvor beschrieben wurde.

T = Wurzelbaum, W = Weg

Sei $G = (V, E)$ ein ungewichteter, endlicher, bipartiter Graph mit der Bipartition A und B, mit $A \leq B$.

1. Der Algorithmus startet mit einem gesättigten Matching M.
2. Ist $V(M) \cap A = A$, wird der Algorithmus gestoppt.

   Ist die Schnittmenge der Kantenmenge des Matchings und A identisch mit der Menge A, wird der Algorithmus gestoppt, weil dann die größte Anzahl von gematchten Ecken erreicht wurde, da $A \leq B$ gilt.

   Ist $V(M) \cap A \neq A$, wird eine Ecke $a \in A - V(M)$ gewählt und $S = \{a\}, I = \emptyset, T = \{a\}$ gesetzt.

   Ist die Schnittmenge der Kantenmenge des Matchings und $A = A$, so wird eine ungesättigte Ecke a ausgewählt. Es wird $S = \{a\}$, $I = \emptyset$, $T = \{a\}$ gesetzt.

3. Gilt $I = N(S, G)$, wird $A = A - \{a\}$ gesetzt und es wird zu 2. zurückgegangen.

---

[27] Vgl. Diestel, Reinhard: Graphentheorie, Springer-Verlag Berlin 2000², S. 33f.

Besitzt die ausgewählte Ecke keinen Nachbarn der gesättigt ist, so wird er aus der Menge A entfernt und es wird bei 2. fortgefahren.

Gilt I ≠ N(S, G), so wird eine Ecke y ∈ N(S, G) − I und eine Kante k = xy mit x ∈ V(T) ausgewählt und bei 4. fortgefahren.

Besitzt die ausgewählte Ecke einen Nachbarn der gesättigt ist, so wird eine Ecke y, die zu den Nachbarn von a gehört und eine Kante k, die die beiden Ecken verbindet, ausgewählt. Anschließend wird zu 4. gegangen.

4. Wenn y mit M inzidiert, gibt es eine Kante l ∈ M mit l = yz, wobei z nicht in E(T) liegt. Es wird

$$S = S \cup \{z\} \text{ und } I = I \cup \{y\}$$

gesetzt. Anschließend wird der M-alternierende Wurzelbaum T durch die Ecken y, z und die Kanten k, l erweitert und es wird mit dem neuen Wurzelbaum bei 3. fortgefahren.

Ist y gesättigt, existiert eine gesättigte Kante l, die y mit einer Ecke z verbindet, welche noch nicht im Wurzelbaum T enthalten ist. z wird jetzt der Menge S und y der Menge I zugeordnet. Der Wurzelbaum mit der Wurzel a besteht jetzt aus den Ecken a = x, y, z, der ungesättigten Kante k = xy und der gesättigten Kante l = yz.

Abb.20: Wurzelbaum T

Mit diesem Baum wird jetzt bei 3. fortgefahren.

Wenn y mit M nicht inzidiert, ist der eindeutig bestimmte Weg im Wurzelbaum T ein erweiternder Weg bezüglich M in G. Es wird M = M △ E(W) gesetzt und bei 2. fortgefahren.

Ist die letzte Kante des Wurzelbaumes nicht gesättigt und folgt auf eine Matchingkante, so entsteht ein augmentierender Weg bezüglich M, da die erste Kante auch ungesättigt ist, weil a ungesättigt ist. Die gematchten Kanten werden zu ungematchten und die ungematchten Kanten werden zu gematchten. Diese werden dann in M aufgenommen.[28]

---

[28] Vgl. Volkmann (1996, 126f.).

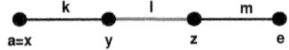

Abb.21: M-augmentierender Weg im Wurzelbaum T

Bevor ich zu dem eigentlichen Beweis des Algorithmus komme, werden zwei Sätze vorgestellt und bewiesen, auf die im Beweis des Algorithmus verwiesen wird.

> **Satz 4.4:** $G = (V, E)$ sei ein bipartiter, ungerichteter Graph G mit disjunkten Eckenmengen V_1 und V_2 und $M = (V_M, E_M)$ ein Matching für G. Ein Weg W sei erweiternd. Dann gilt: W ist ein Baum, d.h. W ist kreisfrei.

Direkter Beweis:
Der augmentierende Weg W führe von $x_1 \in V_1$ nach $x_2 \in V_2$. Wenn dieser Weg nun verfolgt würde, lässt sich feststellen:

- Ecken aus V_1 werden immer mit einer Kante aus $E \setminus E_M$, also einer ungesättigten Kante, verlassen.
- Ecken aus V_1 werden immer mit einer Kante aus E_M, also einer gesättigten Kante, erreicht.
- Ecken aus V_2 werden immer mit einer Kante aus $E \setminus E_M$, also einer ungesättigten Kante, erreicht.
- Ecken aus V_2 werden immer mit einer Kante aus E_M, also einer ungesättigten Kante, verlassen.

Daraus lässt sich schließen:

i. Es ist nicht möglich in x_1 anzukommen, da hierfür eine Kante aus E_M notwendig wäre. Dies ist aber nicht möglich, da die Startecke eines augmentierenden Weges immer ungesättigt ist.

ii. Es ist nicht möglich x_2 zu verlassen, da hierfür eine Kante aus E_M notwendig wäre. Dies ist aber nicht möglich, da die Endecke eines augmentierenden Weges immer ungesättigt ist.

iii. Alle anderen Ecken des Weges müssten mindestens zweimal besucht werden. Das heißt, an diesen Ecken müsste zweimal angekommen und sie müssten zweimal wieder verlassen werden. Dies widerspricht aber der Definition des Matchings.

Somit ist gezeigt, dass der Graph G kreisfrei und somit ein Baum ist.[29]

Satz 4.5: $G = (V, E)$ *sei ein bipartiter, ungerichteter Graph G mit disjunkten Eckenmengen* V_1 *und* V_2 *und* $M = (V_M, E_M)$ *ein Matching für G. Dann gilt:*

i. Falls W ein M-alternierender Weg ist, der bei einer Ecke $x_1 \in V_1 \setminus V_M$ *beginnt und bei einer Ecke* $y_1 \in V_1$ *endet, ist W ein Baum, d.h. W ist kreisfrei.*

ii. Falls W ein M-alternierender Weg ist, der bei einer Ecke $x_1 \in V_1 \cap V_M$ *mit einer Kante aus* E_M *beginnt und bei einer Ecke* $x_2 \in V_2$ *endet, ist W ein Baum, d.h. W ist kreisfrei.*

<u>Direkter Beweis:</u>

Zu i.:

Wegen Satz 4.4 muss zu i. nur noch gezeigt werden, dass W kreisfrei ist, wenn er in $y_1 \in V_1$ endet. y_1 liegt in V_1. Daher kommt man dort mit einer Kante aus E_M an. Wenn man zuvor auf dem Weg W schon einmal in y_1 angekommen wäre, bräuchte man eine Kante aus E_M, die einen dort hingeführt hätte. Dies widerspricht allerdings der Definition des Matchings.

Zu ii.:

Verfolgt man den Weg W von x_1 nach x_2, so lässt sich feststellen, dass Ecken aus V_1 immer mit einer Kante aus E_M verlassen und mit einer Kante aus $E \setminus E_M$ erreicht werden. Ecken aus V_2 werden immer mit einer Kante aus E_M erreicht und mit einer Kante aus $E \setminus E_M$ verlassen.

---

[29] Vgl. Schubert (2009, 483).

Für die Startecke $x_1 \in V_1$ gilt also: Würde man sie nach Verlassen ein zweites Mal erreichen, müsste man sie auch ein zweites Mal wieder verlassen. Für das Verlassen wird eine zweite Matchingkante, die mit x_1 inzidiert benötigt. Dies widerspricht der Definition des Matchings.

Für die Endecke $x_2 \in V_2$ gilt: Für jedes Ankommen an x_2 wird eine Matchingkante benötigt. Ist man bereits einmal bei x_2 angekommen und kommt nun ein zweites Mal an, enden zwei Matchingkanten in x_2. Dies ist ein Widerspruch zur Definition des Matchings.

Damit ein Kreis entsteht müsste man bei den Ecken des Weges zwei Mal ankommen. Es würden also zwei Matchingkanten benötigt, was der Definition des Matchings widerspricht. Somit ist der Satz bewiesen.[30]

Satz 4.6: *(Die ungarische Methode produziert maximale Matchings)*
Sei $G = (V, E)$ ein bipartiter, ungerichteter Graph G mit disjunkten Eckenmengen V_1 und V_2. V sei endlich. Sei $M_U = (V_U, E_U)$ ein Matching, das mit dem ungarischen Algorithmus konstruiert wurde. Das bedeutet, dass jede Ecke aus $V_1 \setminus V_U$ eine ungesättigte Ecke ist. Dann gilt für alle Matchings $M = (V_M, E_M)$ von G:

$$V_1 \cap V_U \subseteq V_1 \cap V_M \rightarrow V_1 \cap V_U = V_1 \cap V_M$$

d.h. M_U ist maximal.

Beweis durch Widerspruch:

Dieser Beweis wird so geführt, dass wenn M_U nicht maximal ist, der Graph G auch nicht endlich ist.

Annahme:

Es wird angenommen, dass ein Matching $M = (V_M, E_M)$ existiert und $V_1 \cap V_U \subseteq V_1 \cap V_M$ gilt, aber dann $V_1 \cap V_U \neq V_1 \cap V_M$ ist. Somit ist $V_1 \cap V_M$ größer als $V_1 \cap V_U$. Es sei $x_1 \in V_1 \cap V_U \setminus V_1 \cap V_M$. Somit gilt für x_1: x_1 ist für M_U eine ungesättigte Ecke. Andernfalls wäre M_U erweiterbar.

Behauptung:

Es existieren Wege in G mit einer beliebigen Anzahl von Kanten.

$\forall n \in \mathbb{N} \; \exists$ ein Weg W in G für den gilt:

---

[30] Vgl. Schubert (2009, 483f.).

- (W ist M_U-alternierend) $\wedge$ (W beginnt mit einer Kante $\notin M_U$) $\wedge$
- (W ist M –alternierend) $\wedge$ (W beginnt mit einer Kante $\in$ M) $\wedge$
- (W verbindet x_1 mit einer Ecke $x(n)_2 \in V_2 \cap V_U$) $\wedge$
- (W besteht aus 2· n+1 Kanten).

Dies soll nun mithilfe der vollständigen Induktion nach n bewiesen werden.

Induktionsanfang:

n = 0

Für n = 0 ist die Behauptung wahr.

- Es existiert eine Kante d aus M, sodass x_1 mit $x(0)_2 \in V_2 \cap V_M$[31] verbunden wird.
- Die Kante d ist also $\notin M_U$, jedoch gilt: $x(0)_2 \in V_2 \cap V_U$.[32] Würde $x(0)_2$ nicht von M_U gesättigt werden, wäre die Kante d ein augmentierender Weg bezüglich M_U und nach Hinzufügen dieser Kante zu M_U wäre x_1 nicht mehr ungesättigt.
- Der Weg W besteht aus 2·0+1= 1 Kante. Somit erfüllt er die Forderung.

Induktionsvoraussetzung (IV):

Die Behauptung sei auch für beliebige n $\in \mathbb{N} \setminus \{0\}$ wahr.
Somit erfülle ein Weg W die folgenden Eigenschaften:

- (W ist M_U-alternierend) $\wedge$ (W beginnt mit einer Kante $\notin M_U$)
- (W ist M –alternierend) $\wedge$ (W beginnt mit einer Kante $\in$ M)
- W verbindet x_1 mit einer Ecke $x(n)_2 \in V_2 \cap V_U$
- W besteht aus 2· n+1 Kanten.

Induktionsschluss:

Somit ist die Behauptung auch für n+1 wahr.

---

[31] Es gilt: $x(0)_2 \in V_2 \cap V_M$, da $x(0)_2$ eine von M gesättigte Ecke ist.
[32] Es gilt: $x(0)_2 \in V_2 \cap V_U$, da $x(0)_2$ eine von M_U gesättigte Ecke ist. $x(0)_2$ ist also von beiden Matchings gesättigt.

Es gilt: $x(n)_2 \in V_2 \cap V_U$. Somit existiert eine Kante e mit $x(n)_2$ als Ecke mit den Eigenschaften:

- $e \in M_U$, die Kante ist also durch das Matching M_U gesättigt.
- $e \notin M$, weil nach IV die Kante, die zu $x(n)_2$ führt ein Element aus M ist. Laut Definition des Matchings, kann keine zweite durch M gesättigte Kante mit $x(n)_2$ inzident sein.
- Die zweite Ecke von e wird $x(n+1)_1$ genannt, da sie wieder in V_1 liegt. Nach Satz 4.3, bezogen auf den M_U-alternierenden Weg (W, e), kann diese Ecke noch nicht in dem bisherigen Weg W enthalten sein.

Die Ecke $x(n+1)_1$ und die Kante e sind beide Elemente des Matchings M_U. Die Ecke $x(n+1)_1$ gehört aber auch zu dem Matching M. Daher existiert eine Kante f mit der Ecke $x(n+1)_1$ und folgenden Eigenschaften:

- $f \in M$, also ist die Kante f durch das Matching M gesättigt.
- $f \notin M_U$, weil die Kante e, die zu $x(n+1)_1$ führt ein Element aus M_U ist. Laut Definition des Matchings kann keine zweite durch M_U gesättigte Kante mit $x(n+1)_1$ inzident sein.
- Die zweite Ecke von f wird $x(n+1)_2$ genannt, da sie wieder in V_2 liegt. Nach Satz 4.4, bezogen auf den M-alternierenden Weg (W, e, f), kann diese Ecke noch nicht in dem bisherigen Weg W enthalten sein.

Jetzt gilt aber $x(n+1)_2 \in M_U$, da andernfalls der Weg (W, e, f) augmentierend bezüglich M_U wäre, womit ein Widerspruch, bezüglich der Annahme x_1 sei ungesättigt für M_U, entstehen würde. Der Weg (W, e, f) erfüllt also alle Eigenschaften der IV.[33]

Hiermit wurde also gezeigt:

„Unter der Annahme, dass in einem bipartiten [...] Graphen G ein Matching, das mit dem ungarischen Algorithmus erstellt wurde, nicht maximal ist, hat G unendlich

---

[33] Vgl. Schubert, (2009, 484ff.).

viele Kanten. Also sind in jedem endlichen, bipartiten, ungerichteten Graphen alle mit dem ungarischen Algorithmus erzeugten Matchings maximal."[34]

4.3 Die Umsetzung des Algorithmus

Man stelle sich nun das Problem der Arbeitsvermittlung vor. Beim Arbeitsamt melden sich sieben Bewerber $\{a_1, a_2, ..., a_7\} = A$, die einen Job suchen. Zunächst sieht die Lage für die Bewerber sehr gut aus, da zu dieser Zeit acht Arbeitsplätze $\{b_1, b_2, ..., b_8\} = B$ zu vergeben sind. Allerdings ist nicht jeder Bewerber für jeden Job qualifiziert. Somit steht der Arbeitsvermittler vor der schwierigen Aufgabe, möglichst vielen Bewerbern einen Arbeitsplatz zu vermitteln. Hierzu liefert der ungarische Algorithmus die beste Lösung.

4.3.1 Die Umsetzung in einem ungewichteten Graphen

Sei $G = (V, E)$ ein bipartiter, ungerichteter Graph G mit den disjunkten Eckenmengen A und B. V ist endlich, da $A = \{a_1, a_2, ..., a_7\}$ und $B = \{b_1, b_2, ..., b_8\}$. Den Kanten von G wird kein Gewicht zugeordnet.

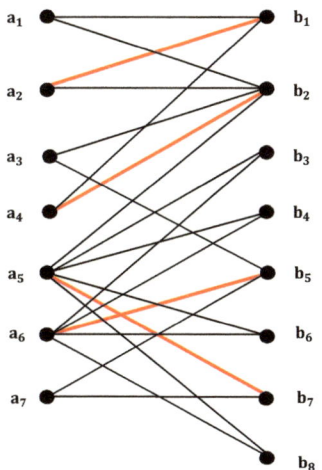

Abb.22: Graph G mit einem gesättigten Matching M_0

---

[34] Schubert, (2009, 486).

Dieser Graph lässt sich auch in Form einer Partitionsmatrix darstellen. Dabei steht die 1 für eine Kante, also für eine Verbindung zweier Ecken.

	b_1	b_2	b_3	b_4	b_5	b_6	b_7	b_8
a_1	1	1						
a_2	1	1						
a_3		1			1			
a_4	1	1						
a_5		1	1	1		1	1	1
a_6			1	1	1	1		1
a_7					1		1	

Abb.23: Partitionsmatrix mit dem Matching M_0

Zunächst lässt sich mithilfe des Heiratssatzes feststellen, ob es überhaupt möglich ist, allen Bewerbern einen Job zu vermitteln. In der Partitionsmatrix ist deutlich zu erkennen, dass für $\{a_1, a_2, a_4\} = S \subseteq A$ die Heiratsbedingung $|S| \leq |N(S)|$ für alle $S \subseteq A$ nicht erfüllt ist. In diesem Fall gilt: $N(S) = \{b_1, b_2\}$ und somit $|S| > |N(S)|$. Wir wissen also schon vor der Bestimmung des maximalen Matchings, dass nicht alle Ecken aus A gesättigt werden.

Jetzt soll mithilfe der ungarischen Methode ein maximales Matching bestimmt werden. Dazu wird mit einem gesättigten Matching M_0 begonnen.

$$M_0 = \{a_2b_1, a_4b_2, a_5b_7, a_6b_5\}$$

Nun wird die Eckenmenge mit der geringeren Anzahl von Elementen betrachtet. In diesem Fall ist das A. Da die Ecke a_1 mit keiner Matchingkante inzidiert, bildet sie die Wurzel des M_0-alternierenden Wurzelbaums T_0.

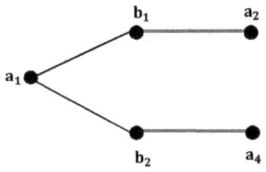

Abb.24: Wurzelbaum T_0

Es wurden die Nachbarn von a_1 in den Wurzelbaum aufgenommen, die gesättigt sind, sodass auf die ungesättigten Kanten a_1b_1 und a_1b_2 jeweils Matchingkanten folgen. Da a_2 und a_4 nur mit Ecken inzidieren, die bereits im Wurzelbaum enthalten sind, können keine weiteren Kanten eingefügt werden. Das heißt, dass der Wurzelbaum gesättigt ist und für die Wurzel a_1 kein augmentierender Weg bezüglich M_0 gefunden werden konnte. Die Ecke a_1 wird in dem gesuchten maximalen Matching also nicht enthalten sein und für die Eckenmenge A gilt: $A = A \setminus \{a_1\}$.

Jetzt wird die nächste ungesättigte Ecke aus A zur Wurzel des Wurzelbaums T_1.

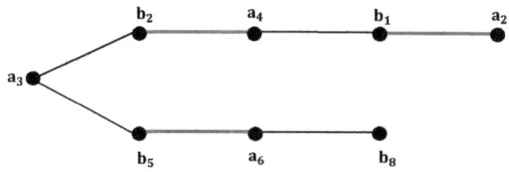

Abb.25: Wurzelbaum T_1

Es werden auch hier wieder die Nachbarn von a_3 gesucht, die gesättigt sind, damit abwechselnd Kanten aus $E \setminus E(M)$ und E im Wurzelbaum enthalten sind. Es werden dementsprechend Kanten in T_1 eingefügt.

Die Ecke a_2 ist mit keiner weiteren Ecke verbindbar, da alle ihre Nachbarn bereits in T_1 enthalten sind. Somit entsteht hier nur ein M_0-alternierender Weg, sodass M_0 nicht vergrößert werden kann.

Die Ecke b_8 ist mit keiner Matchingkante verbunden, sodass der Weg von a_3 nach b_8 augmentierend bezüglich M_0 ist. Werden nun die Kanten a_3b_5 und a_6b_8 gegen die Matchingkante a_6b_5 ausgetauscht, entsteht das Matching M_1.

$$M_1 = \{a_2b_1, a_3b_5, a_4b_2, a_5b_7, a_6b_8\}$$

	b_1	b_2	b_3	b_4	b_5	b_6	b_7	b_8
~~a_1~~	1	1						
a_2	1	1						
a_3		1			1			
a_4	1	1						
a_5		1	1	1		1	1	1
a_6			1	1	1	1		1
a_7					1		1	

Abb.26: Partitionsmatrix mit dem Matching M_1

Aus der Partitionsmatrix ist jetzt abzulesen, dass nur noch für die Ecke a_7 ein Matchingpartner gesucht werden muss.[35] Also wird a_7 die Wurzel des Wurzelbaums T_2.

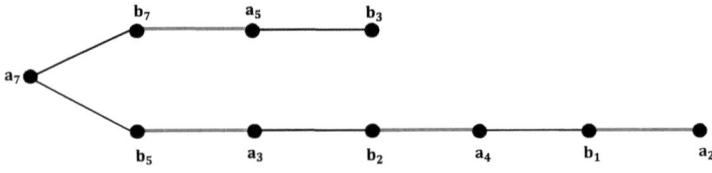

Abb.27: Wurzelbaum T_2

Als erstes werden die gesättigten Nachbarn von a_7 in den Wurzelbaum aufgenommen. Es wird weiterhin so fortgefahren, dass abwechselnd Kanten aus $E \setminus E(M)$ und E auftauchen.

Die Ecke b_3 ist mit keiner Matchingkante verbunden, sodass der Weg von a_7 nach b_3 augmentierend bezüglich M_1 ist. Auch hier können wieder Kanten ausgetauscht werden. Die Kanten a_7b_7 und a_5b_3 werden gegen die Matchingkante a_5b_7 ausgetauscht. Es entsteht das Matching M_2.

$$M_2 = \{a_2b_1, a_3b_5, a_4b_2, a_5b_3, a_6b_8, a_7b_7\}$$

	b_1	b_2	b_3	b_4	b_5	b_6	b_7	b_8
a_1	1	1						
a_2	1	1						
a_3		1			1			
a_4	1	1						
a_5		1	1	1		1	1	1
a_6		1	1	1	1			1
a_7						1	1	

Abb.28: Partitionsmatrix mit dem Matching M_2

---

[35] Da festgestellt wurde, dass a_1 in dem gesuchten maximalen Matching nicht enthalten ist.

Der Algorithmus stoppt jetzt, da alle Elemente aus der verbleibenden Eckenmenge A im Matching enthalten sind. Somit ist M_2 ein maximales Matching von G. Der Weg $a_7, b_5, a_3, b_2, a_4, b_1, a_2$ hätte also gar nicht mehr konstruiert werden müssen. Der Vollständigkeit halber ist er aber in T_2 enthalten. Es hätte nämlich sein können, dass zunächst dieser Weg daraufhin untersucht worden wäre, ob er bezüglich M_1 augmentierend ist.[36]

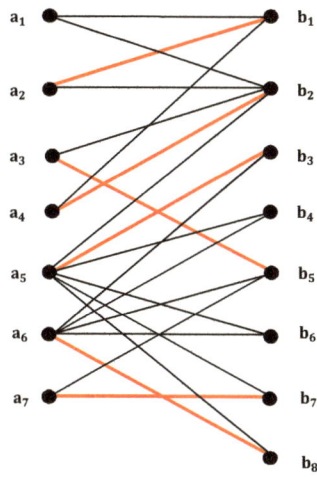

Abb.29: Graph G mit einem maximalen Matching M_2

In der Abbildung ist zu sehen, dass mithilfe des ungarischen Algorithmus eine maximale Paarung gefunden wurde, die sechs Bewerbern einen Arbeitsplatz zuordnet. Wichtig hierbei ist, dass dies <u>ein</u> maximales Matching ist. Es gibt auch andere Zuordnungen, bei denen die Jobverteilung anders ausgesehen hätte. Zum Beispiel hätte auch Bewerber a_1 den Job b_1 bekommen können und Bewerber a_2 wäre leer ausgegangen. Dass in meinem Beispiel dem Bewerber a_1 kein Job zugeordnet werden konnte, liegt daran, dass ich mein gesättigtes Matching so gewählt habe, wie es oben dargestellt ist.

---

[36] Vgl. Volkmann (1996, 127f.).

Da nun ein maximales Matching in G gefunden wurde, können wir mithilfe des Satzes von König überprüfen, ob die Mächtigkeit der minimalen Eckenüberdeckung U der Mächtigkeit des maximalen Matchings M_2 entspricht.

Es wird nun von jeder Matchingkante eine Ecke ausgewählt, welche der Eckenüberdeckung zugeordnet wird. Wenn ein alternierender Weg bezüglich M in B endet, lässt sich diese Ecke der Menge B der Menge U zuordnen. Andernfalls wird die Ecke, welche in A liegt der Menge U zugeordnet. Somit entsteht die folgende Eckenüberdeckung:

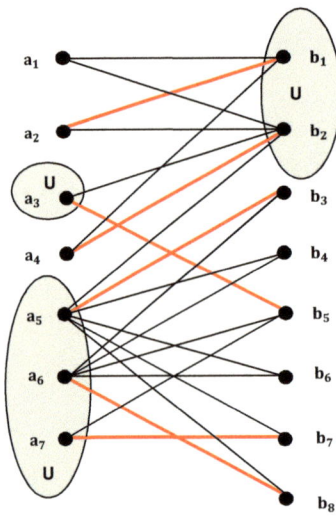

Abb.30: Graph G mit einem maximalen Matching M_2
und der Eckenüberdeckung U

Die Mächtigkeit der minimalen Eckenüberdeckung U entspricht hier der Mächtigkeit des maximalen Matchings. $|U| = |M|$. Man könnte mithilfe dieses Satzes also überprüfen, ob man die richtige Anzahl von Kanten des maximalen Matchings bestimmt hat. Allerdings ist dies nicht notwendig, da ich ja bereits gezeigt habe, dass der ungarische Algorithmus immer maximale Matchings liefert. Mit dieser Überprüfung wurde ein Zusammenhang zwischen dem Beispiel und dem Satz von König hergestellt.

5. Fazit

Zum Abschluss dieser Arbeit lässt sich sagen, dass der ungarische Algorithmus eine gute Methode ist, um maximale Matchings zu bestimmen. Der Ablauf ist gut nachvollziehbar, da der Algorithmus mithilfe von augmentierenden Wegen in Wurzelbäumen arbeitet. So wird zunächst der Graph G auf einen Teilgraphen, den Wurzelbaum T, reduziert, was für eine Übersichtlichkeit sorgt. So kann dann Schritt für Schritt jeder Teilgraph mit einer ungesättigten Ecke als Wurzel abgearbeitet werden.

Der Satz von Berge und der Heiratssatz von Hall lassen sich in einen Algorithmus, den ungarischen Algorithmus, welcher maximale Matchings liefert, umwandeln.[37] Der Satz von Berge gibt eine Begründung, warum der Algorithmus funktioniert. Er liefert immer maximale Matchings, da er mithilfe von augmentierenden Wegen arbeitet. Am Ende des Algorithmus existiert kein augmentierender Weg mehr, da alle Teilgraphen von G auf diesen überprüft wurden. Der Heiratssatz ermöglicht eine Vorabschätzung, ob alle Ecken der kleineren Eckenmenge der Bipartition gesättigt werden können.

Der Satz von König war sehr hilfreich, da nach Anwendung des Algorithmus überprüfen werden konnte, ob die Anzahl der Matchingkanten stimmt oder nicht. Natürlich ist eine solche Überprüfung nicht notwendig, da der Algorithmus immer funktioniert. Allerdings habe ich ihn per `Hand´ durchgeführt, sodass hierbei immer Fehler passieren können. Ist der Algorithmus im Computer programmiert, kann ausgeschlossen werden, dass Fehler passieren.

Die Umsetzung des Algorithmus war hilfreich, um am Beispiel der Jobvermittlung die einzelnen Schritte so verfolgen zu können, dass deutlich zu erkennen ist, wie der ungarische Algorithmus arbeitet.

Insgesamt kann ich sagen, dass mir das Arbeiten mit diesem Thema sehr viel Spaß gemacht hat und dass mein Interesse für den Bereich der Optimierung noch größer geworden ist.

---

[37] Vgl. Brill, Manfred: Mathematik für Informatiker, Carl Hanser Verlag München Wien 2005, S.193.

6. Abbildungsverzeichnis

	Titel	Seite
Abb.1	Diagramm 1 des Graphen G = (V,E)	5
Abb.2	Diagramm 2 des Graphen G = (V,E)	5
Abb.3	Graph G mit der Eckenüberdeckung U	5
Abb.4	3-partiter Graph	6
Abb.5	Bipartiter Graph	6
Abb.6	Gesättigtes Matching	7
Abb.7	Maximales Matching	7
Abb.8	Perfektes Matching	7
Abb.9	Graph mit drei Zusammenhangskomponenten	8
Abb.10	Graph mit einer Zusammenhangskomponente	8
Abb.11	Wald	9
Abb.12	Baum mit der Wurzel a	9
Abb.13	Die Bipartitionen A und B im Graphen G	10
Abb.14	Graph G	12
Abb.15	Graph H	12
Abb.16	Graph $G = (A \cup B, E)$ mit der Eckenüberdeckung U	13
Abb.17	ab ist eine Matchingkante	14
Abb.18	ab ist keine Matchingkante I	14
Abb.19	ab ist keine Matchingkante II	14
Abb.20	Wurzelbaum T	17
Abb.21	M-augmentierender Weg im Wurzelbaum	18
Abb.22	Graph G mit einem gesättigten Matching M_0	23
Abb.23	Partitionsmatrix mit dem Matching M_0	24
Abb.24	Wurzelbaum T_0	24
Abb.25	Wurzelbaum T_1	25
Abb.26	Partitionsmatrix mit dem Matching M_1	25
Abb.27	Wurzelbaum T_2	26
Abb.28	Partitionsmatrix mit dem Matching M_2	26
Abb.29	Graph G mit einem maximalen Matching M_2	27
Abb.30	Graph G mit einem maximalen Matching M_2 und der Eckenüberdeckung U	28

7. Literaturverzeichnis

Buchquellen:

- Brill, Manfred: Mathematik für Informatiker, Carl Hanser Verlag München Wien 2005.
- Diestel, Reinhard: Graphentheorie, Springer-Verlag Berlin 2000².
- Diestel, Reinhard: Graphentheorie, Springer-Verlag Berlin 2006³.
- Schubert, Matthias: Mathematik für Informatiker, Vieweg + Teubner Verlag Wiesbaden 2009.
- Tittmann, Peter: Graphentheorie, Fachbuchverlag Leipzig im Carl Hanser Verlag 2003.
- Volkmann, Lutz: Fundamente der Graphentheorie, Springer-Verlag Wien 1996.
- Volkmann Lutz: Grundlagen der Wirtschaftsmathematik, Springer-Verlag Wien 1989.

Internetquellen:

- http://math-www.uni-paderborn.de/~chris/Index41/V/par7.pdf Datum des Zugriffs: 20.05.2010.

Weitere Quellen:

- Förster, Frank: GT-Gesamt_20090927, Wintersemester 2009/2010.